AF305896

LA RICHESSE

DES

VIGNOBLES,

OU NOUVELLE

MANIPULATION GÉNÉRALE

DES VINS.

Par M. MAUPIN, *Auteur de l'Art de la Vigne & de celui des Vins.*

Prix 3 liv. 12 fols, avec le reçu figné de l'Auteur.

A PARIS,

Chez { MUSIER, GOBREAU, } Libraires, Quai des Auguftins.

M. DCC. LXXXII.

Avec Approbation, & Privilége du Roi.

AVANT-PROPOS.

LA plus grande richeſſe pour les Vignobles, c'eſt-à-dire, pour les Propriétaires & Cultivateurs des vignes, c'eſt que les Vins ſoient bons au lieu d'être mauvais, & qu'ils puiſſent ſe conſerver au lieu de ſe gâter. Ma Manipulation des Vins, indépendamment du moyen particulier de les conſerver, a cette double propriété *lors même que les raiſins ont été égrapés*, & bien plus encore, lorſqu'ils ne l'ont pas été ; c'eſt donc avec raiſon que j'ai intitulé cet Ouvrage, *La Richeſſe des Vignobles*.

Une autre richeſſe, non moins grande, quoique moins ſentie, pour les Vignobles, ce ſeroit qu'ils puſſent cultiver leurs vignes à beaucoup moins de frais, & que cependant elles fuſſent d'un plus grand rapport & d'une plus longue durée. Avec cette ſeconde eſpece de richeſſe, il ne leur ſeroit pas poſſible, comme Vignobles, de déſirer rien au-delà, & je la leur ai donnée inconteſtablement dans l'Art de la Vigne. Ainſi je ſuis, à double titre, l'Auteur de la Richeſſe des Vignobles.

Il m'a paru convenable d'en donner le titre à cet Ouvrage, comme je le donnerai à l'art de la Vigne, quand je le ferai réimprimer, parce que je l'ai jugé le plus propre à fixer l'attention de tous les Propriétaires & Cultivateurs des vignes, par le fentiment de leur propre intérêt, & parce qu'en effet, mes découvertes, fur la Vigne & les Vins, font pour eux le plus grand des biens. Il n'eft aucun moyen poffible, ce me femble, de leur en procurer d'une auffi grande importance.

Il n'y a aucun Vigneron, aucun Propriétaire de Vignes, quel qu'il foit, qui puiffe le nier; mais il n'en eft encore qu'un très-petit nombre qui l'aye fenti, ou du moins qui me l'aye témoigné. J'en fais la remarque pour le Public même. Quand il reçoit les bienfaits avec indifférence, il met dans le cas de le fervir de même.

Auffi n'aurois-je point fait imprimer l'Ouvrage que je donne aujourd'hui, fi ce n'eut été en partie par déférence pour les perfonnes qui me l'ont inftamment demandé, & en partie parce que j'avois à cœur, pour moi-même, de porter à fa perfection au moins, la partie la plus généralement néceffaire de toutes celles que j'ai annoncées fur les Vins, je veux dire la maniere *générale* de les manipuler, que j'appelle ainfi, parce qu'elle eft la feule qui puiffe convenir à tous.

A l'égard de l'Art de la Vigne, dont l'édition eft épuifée, mon deffein eft d'y faire, non des changemens, mais des additions ; elles feront la matiere d'une partie qui fera féparée, afin que les perfonnes qui ont déja l'Ouvrage, ne foient pas forcées de le reprendre de nouveau.

Mais comme la faifon, relativement aux principaux objets de la culture de la vigne, eft déja avancée, & qu'il ne m'eft pas poffible de faire tout à la fois, je ne donnerai une nouvelle édition de l'Art de la Vigne, qu'après la vendange : cependant, pour le plus fûr, on fera toujours bien de me la demander. Je ne pourrois qu'être flaté de faire tout le bien que je peux faire ; mais j'ai trop peu de fanté, & j'ai fait déja de trop grands facrifices pour rien donner déformais au hazard.

J'avouerai que par fois mes Ouvrages font affez recherchés ; mais quand je compare leur grande utilité publique aux circonftances qui m'environnent, que je me repréfente qu'il n'y a pas en France un feul Propriétaire de Vignes, un feul Propriétaire de terres, entre les mains defquels ils ne duffent être, & que cependant je n'en peux compter comparativement qu'un très-petit nombre, je ne vois plus alors que des fujets de peines ; & ma plume, malgré moi, s'échappe de mes mains.

Il eft pourtant un Ouvrage pour lequel furtout j'aurois bien défiré qu'elle eut pu y refter, & c'eft précifément celui pour lequel j'ai lieu de croire que je ne la reprendrai plus ; mais j'en parlerai ailleurs dans un difcours dont il fera l'objet. Je terminerai celui-ci en donnant avis aux perfonnes qui ont déja le Moyen de conferver les vins, &c. que les nouvelles parties que je donne leur feront délivrées féparément, moyennant quarante-deux fols. On leur en donnera, ainfi qu'aux perfonnes qui prendront l'Ouvrage entier, mon reçu aux fins énoncées dans le Moyen de conferver les vins, & dans l'Expofé des principales expériences de ma Manipulation.

Les perfonnes qui, à l'occafion des Ouvrages que j'annonce, me feront l'honneur de m'écrire, voudront bien affranchir leurs lettres & me les faire paffer à l'adreffe fuivante :

M. MAUPIN, Auteur de la Richeffe des Vignobles, rue du Pont-aux-Choux, au petit Hôtel de Poitou, à Paris.

DESCRIPTION

DE LA NOUVELLE

FOULOIRE ÉCONOMIQUE,

A DOUBLE USAGE.

S'Il y a quelques perfonnes qui foulent bien les raifins, tout le refte les foule mal, & ceux qui foulent bien, foulent en général à trop grands frais, & par-deffus cela à contretemps, au moins le plus fouvent.

Je ne pafferai point ici en revue toutes les manieres de fouler, en ufage dans les différens Vignobles. Toutes ces manieres font du plus au moins vicieufes, les unes dans un point, les autres en un autre, quand elles ne le font pas dans tous les points.

Ce n'eft pas que la difcuffion & une critique approfondie de ces diverfes manieres ne puffent avoir beaucoup d'utilité, en faifant fentir à chacun le défaut ou les défauts particuliers de

A iv

fon ufage, & c'eft pourquoi j'avois préparé &
compofé, il y a près de deux ans, cette difcuffion & cette critique, dans la vue de les placer à la tête de la defcription de la nouvelle
Fouloire, ainfi que les principes fondamentaux
du foulage; mais d'un côté, les circonftances
ne me permettent point ces détails, non plus
que beaucoup d'autres que je fuis forcé de paffer également fous filence, quoiqu'ils foient
également préparés; & d'un autre côté, l'inftruction peut à la rigueur s'en paffer. Le point
principal, comme le plus difficile & le plus
preffé pour les Vignobles, eft de bien connoître
toutes les pratiques néceffaires pour bien opérer, & de les leur circonftancier de maniere
qu'ils puiffent bien les comprendre & en faire
la jufte application; c'eft auffi ce que je me fuis
particulierement propofé dans le complément
de ma Manipulation, & en particulier dans la
defcription de la nouvelle Fouloire.

Il y a plufieurs années que je l'ai imaginée;
je l'avois annoncée dans la Leçon que j'ai pu-
bliée fur la grappe au mois d'Avril 1779, &
j'en avois donné la defcription dans la Leçon
que j'avois préparée la même année fur le foulage, & que j'avois foumife à l'approbation,
dès la fin du mois de Juillet fuivant. Je m'en
étois même ouvert à différentes perfonnes; mais

les mêmes raifons qui , dans ce temps & depuis, m'ont empêché de donner l'Ouvrage entier, m'ont empêché auffi d'en publier les différentes parties , & entr'autres, la nouvelle Fouloire que je vais décrire.

NOUVELLE FOULOIRE.

Cette machine eft fi fimple, qu'il n'y a pas
d'ouvrier qui ne puiffe facilement la comprendre & l'exécuter.

Dix pouces de cuve , à prendre du bord , un
fort cerceau de cuve fixé à ces dix pouces, deux
ou trois barres , quatre ou fix forts taffeaux pour
foutenir le bout de ces barres ; un affemblage
de planches pofées fur le cerceau & les barres , *de petites languettes de bois* , longues d'e-
viron deux pouces fur une ligne & demie , ou
une ligne & trois quarts d'épaiffeur au plus ,
voilà la bâtiffe & toutes les pieces de la nouvelle Fouloire.

Je l'ai fait exécuter au mois de Septembre
1779 , chez un riche Amateur qui a bien voulu
en faire les frais pour quatre cuves , dont la
vendange a été parfaitement foulée à l'aide de
cette machine.

Le cerceau a été fortement attaché *dans cha-*
que cuve , à dix pouces au - deffous du bord ;

mais je penfe que neuf pouces, & affez généralement 7 à 8 pouces font fuffifans pour l'élé-
vation du marc. Les grandes cuves & celles qui
feroient remplies en un jour, font celles auxquelles, ainfi que *dans les pays chauds*, il en
faut laiffer le plus.

Le cerceau de chacune des cuves, après avoir
été fixé, a été échancré à quatre endroits pour
placer dans ces échancrures , & au niveau exact
du cerceau, quatre forts taffeaux, larges d'envi-
ron quatre pouces, & épais de deux bons pouces.

Les barres , épaiffes de deux pouces tout au
moins, ont été pofées, ou plutôt engrénées dans
ces taffeaux, creufés exprès à la profondeur néceffaire pour les recevoir.

C'eft fur ces barres & le cerceau que les
planches ont été pofées.

Ces planches, en bois de chêne, portent
quinze lignes d'épaiffeur.

Elles ont à un des bouts de chacun de leurs
côtés, une des languettes dont j'ai parlé, pour
maintenir les planches & laiffer entr'elles la
diftance néceffaire pour l'écoulement de la liqueur lors du foulage.

Ces planches ne tiennent point les unes aux
autres, elles font ce qu'on appelle des planches
volantes.

Les plus larges n'ont pas fix pouces de largueur, & quelques-unes n'en ont que quatre, ce qui multiplie les iffues du moût.

Celles du milieu ayant le plus de portée & de longueur, doivent avoir fix pouces au moins de large.

Toutes les pieces, dont je viens de parler, doivent être unies ou reblanchies avec le rabot.

Il eft fans doute inutile d'avertir que le cerceau & les taffeaux doivent être fixés de la maniere la plus folide : il eft évident que c'eft fur ces pieces que portent toute la charge, les barres, les planches, la vendange & les hommes qui la foulent.

Les planches doivent être façonnées de maniere que, par leur réunion, elles forment à huit ou dix pouces de profondeur dans la cuve, un contre-fond ou plancher circulaire qui occupe exactement tout le diametre de la cuve à cette profondeur.

Toutes les planches doivent être numérotées pour les reconnoître, & les placer chacune en leur lieu.

J'eftime que cette machine, en y comprenant le cercle dont je vais parler, pourra couter 36 livres dans les Vignobles des environs de Paris, & un tiers ou moitié moins dans la plus grande partie des Provinces.

Cette machine fervira en même temps à deux ufages, à fouler la vendange & à couvrir la cuve, en ajoutant au fond de la Fouloire, le cercle que je viens d'annoncer.

L'objet de ce cercle eft de fuppléer au fond de la Fouloire, ce qui peut lui manquer du diametre néceffaire pour couvrir le marc à mefure qu'il s'éleve au-deffus des huit ou dix pouces auxquelles le fond doit être pofé pour l'opération du foulage.

Les cuves étant généralement plus évafées à leur bord qu'elles ne le font à huit ou dix pouces au-deffus, on conçoit que le fond, qui pouvoit couvrir entierement la liqueur à ces huit ou dix pouces, ne le peut plus quand elle eft parvenue plus haut. A ces huit ou dix pouces, la cuve a communément deux ou trois pouces de diametre ou de largeur plus que le fond de la Fouloire ; ainfi le cercle néceffaire pour y fuppléer, doit être de trois ou quatre pouces, plus ou moins, fuivant les cuves.

Ce cercle fera divifé par quart ou en quatre parties, ou même en fix, fi on veut, pour plus de facilité, & pour qu'il puiffe entrer dans la cuve & couvrir le marc, dès qu'il s'élevera au-deffus des huit ou dix pouces, auxquels le fond de la Fouloire aura été pofé.

Les perfonnes qui pratiquent déja ma Mani-

pulation, & qui en conféquence font dans l'u-
fage de couvrir leurs cuves, pourront faire ro-
gner circulairement les bouts de planches du
couvercle dont elles fe fervent, & en réunir
les bouts en quart ou fixieme de cercle, comme je l'ai fait faire moi-même à quelques cuves.

Mais comme il eft à croire que généralement les planches, avec lefquelles elles cou-
vrent, n'ont pas en entier toute l'épaiffeur néceffaire, je leur confeille de foutenir le plancher
ou fond de la fouloire par trois barres au lieu
de deux, enforte que ces barres n'ayent pas plus
de dix-neuf à vingt pouces de diftance de l'une
à l'autre. C'eft une très-petite dépenfe, fur-tout
pour elles. Cette précaution peut n'être pas abfolument néceffaire, mais elle ne peut nuire.
Je donne le même confeil à l'égard de toutes
les cuves dont la continence excede dix muids.

Je n'en ai pourtant fait mettre que deux à des
cuves plus grandes que les dernieres, & elles
ont fupporté une épaiffeur de dix pouces de vendange & quatre hommes, fans qu'il en foit ré-
fulté aucun inconvénient, mais une barre de plus
coutera peu, & les hommes feront encore plus
fermes & plus fûrement.

USAGE DE LA NOUVELLE FOULOIRE.

On foulera la vendange à mefure qu'on l'apportera de la vigne, & dès qu'on aura fini de la décharger dans la Fouloire. Moins il y en aura, & plus promptement elle se foulera ; mais la Fouloire fut-elle pleine, les raisins se fouleront toujours très-bien, mieux, plus diligemment, à moins de frais, avec moins d'embarras & d'une maniere bien plus avantageuse pour la qualité du vin, que de toutes les autres manieres imaginées jusqu'à présent pour fouler les raisins, à mesure & par parties.

Un homme ou deux hommes, suivant la distance de la vigne, pourront suffire pour le foulage de la vendange, pourvu toutefois que les voitures ne se succedent pas trop rapidement, autrement, au lieu de deux hommes, il en faudroit le plus souvent quatre.

Quand on aura bien foulé, écrasé, ouvert & exprimé, autant qu'il sera possible, tous les raisins d'une foulée (car il faut bien prendre garde que l'opération ne soit trop brusquée & faite à demi) on levera deux planches du milieu du fond pour pousser & faire tomber le marc dans la cuve, qu'on égalisera lorsque cela sera nécessaire. Il faut soigner à ce que le marc soit également distribué dans toutes les parties de la cuve, & qu'il n'y en ait pas une plus grande épaisseur dans l'une que dans l'autre.

Cela fait, on remettra les planches, & on

recommencera le foulage jufqu'à ce que la cuvée foit achevée.

L'ufage de la nouvelle Fouloire eft fi facile & fi fimple, que je crois pouvoir me difpenfer d'entrer dans de plus grands détails fur cette opération. Cet ufage fuffira feul pour apprendre les petites attentions néceffaires pour faciliter, à mefure du foulage, l'écoulement du moût par les petits intervalles qui féparent les planches du fond. Je dirai pourtant que lorfqu'après avoir achevé une foulée & l'avoir déblayée dans la cuve, il en arrivera une autre de la vigne, il eft à propos de la laiffer décharger entierement & s'égouter dans la fouloire avant d'en entamer le foulage.

Quand le foulage fera entierement achevé, on enlevera les barres, fi on le juge à propos, ou on les laiffera comme j'ai fait.

AVANTAGES DE LA NOUVELLE FOULOIRE.

Cette piece a beaucoup d'avantages qui lui font particuliers, & qui ne peuvent fe rencontrer dans aucun autre au même ufage. C'eft 1°. de contenir beaucoup de vendange à la fois, & de ne tenir aucune place. 2°. De fervir, par fon fond, au foulage, & dans le même temps, à couvrir la liqueur, & à en empêcher l'évaporation, & à la défendre du froid & de l'air extérieur. Ce double avantage est inappréciable & mérite la plus grande attention, 3°. De servir encore, par son fond & après le foulage, à couvrir toute la cuve, en y ajoutant le cercle dont j'ai parlé plus haut.

Au moyen de cette addition ou de ce cercle, le fond de la Fouloire pourra couvrir immédiatement la cuve, ou le marc à toutes les hauteurs, à partir du cerceau.

Cette propriété, dans beaucoup d'occasions, ou, pour mieux dire, dans tous les cas, est très-intéressante, & c'est pourquoi, ne fut-ce que dans cette seule vue, je conseille de faire à tous les dessus de bois ou couvercles de cuves, le retranchement circulaire que j'ai proposé à la page 12.

Cette Fouloire est encore particulierement avantageuse, en ce qu'en elle-même, & vû tous les usages, elle est très-peu couteuse, qu'elle est très-expéditive, qu'elle exige moins d'opérations intermédiaire, ou plutôt qu'elle n'en exige absolument aucune, & qu'elle facilite plus qu'aucun autre moyen possible la perfection & le complément du foulage dans toutes les années, & principalement dans les années où les raisins sont *excessivement verds*, comme ils l'étoient en 1740 & dans plusieurs autres années que nous avons eues depuis.　　　　　　　　　　　　　　Dans

Dans de pareilles années, cette invention me paroît abfolument néceffaire aux Vignerons mêmes. Sans elle, il eft impoffible que les raifins, fi on les fuppofe en quelque quantité, puiffent jamais être parfaitement écrafés, & furtout qu'ils le foient auffi commodément & auffi convenablement.

J'ajouterai, pour dernier avantage, ou pour derniere confidération, que la nouvelle Fouloire, par fes grands effets pour la perfection des vins & leur plus grande valeur vénale, rendra dès la premiere année, au-delà de ce qu'elle aura couté. On peut en juger par les effets & l'importance du parfait foulage expofés dans l'article II du procédé pour la Manipulation des Vins.

Avouons cependant, qu'à l'exception des années rares, dont j'ai parlé plus haut, & des perfonnes qui peuvent achever leur cuvée en un jour, un jour & demi, ou deux jours tout au plus tard, cette maniere & toute les manieres d'écrafer les raifins, à mefure qu'ils arrivent de la vigne, ont de très-grands défavantages. Celle que je propofe en a incomparablement moins que les autres, parce que la liqueur eft couverte dans le moment même de l'opération ; mais hors les cas que je viens de fpécifier, elle en a toutes les fois que les

raiſins ſont diſpoſés à une prompte fermentation, c'eſt-à-dire, lorſque les raiſins ont de la
maturité, ou bien, ſans avoir beaucoup de maturité, lorſqu'ils ont été coupés par un temps
chaud, ou même qui n'eſt pas froid, lorſqu'ils
ont été vendangés par la pluie, ou que par eux-
mêmes, ou par les circonſtances de l'année, ils
contiennent beaucoup d'eau. Dans tous ces cas,
la fermentation s'établit très-promptement &
marche de même, l'air ſurabondant ou qui n'eſt
pas combiné & une partie des autres principes
volatiles s'échappent, & de tout cela il réſulte
que la fermentation, ayant perdu une partie de
ſes principes ou véhicules, & n'étant point ſi-
multanée, elle eſt moins grande, que le vin a
beaucoup moins de vigueur, & qu'il en eſt beaucoup moins propre à ſe conſerver.

On auroit pourtant tort d'en conclure qu'il ne
faut jamais fouler la vendange à meſure qu'elle
arrive de la vigne: au contraire, il le faut toutes les fois que la vendange ne peut être bien
foulée que de cette maniere; c'eſt-à-dire, dans
les années où les raiſins ſont très-verds, &
lorſque les cuves, comme dans beaucoup d'endroits, ſont trop grandes pour pouvoir être fou-
lées autrement. Il le faut encore, & il le faut
abſolument toutes les fois qu'on pourra achever le foulage dans le temps convenable; car

il n'y a pas deux manieres de bien fouler, de fouler parfaitement la vendange, il n'y en a qu'une; c'eſt celle que je viens de donner.

Les perſonnes qui viſent au mieux, feront bien, à l'égard de tous les vins, & particulie-rément des vins de prix, de couvrir ou bou-cher, comme je l'ai fait moi-même, avec de petites baguettes ou lattes, larges d'un demi-pouce, plus ou moins, toutes les rayes ou clai-revoyes des planches, dans l'intervalle d'un jour de foulage à l'autre, & après la ceſſation en-tiere du foulage, juſqu'au découvage des vins. Cette attention eſt une perfection qu'on feroit mal de négliger.

Avis & obſervations pour ſervir de complément à la nouvelle Manipulation générale des Vins.

Le premier avis que j'ai à donner aux per-ſonnes diſpoſées à faire uſage de ma Manipu-lation, c'eſt de lire avec attention, & de bien étudier les principes & tous les documens que j'ai donnés ſur les différentes parties qui la com-poſent, afin d'en bien ſaiſir l'eſprit & l'enſem-ble, & d'en faire une juſte application.

Tous n'ont pas, comme M. de Chaſan, dans la douzieme expérience, des cuvées de 15 à 20 mille livres, mais tous ont intérêt de faire leurs

vins auſſi bons qu'ils peuvent l'être. Tous doivent donc, ainſi que lui , bien méditer mes
opérations pour en ſentir la conſéquence & les
placer à propos.

Ce n'eſt pas que toutes ces opérations ne
ſoient très-faciles , & que je n'aye mis toute
l'attention, dont je ſuis capable, à les ponctuer
& à les ranger dans un tel ordre qu'il ne fut
pas poſſible de s'y méprendre ; mais il n'eſt pas
rare de trouver des hommes pour leſquels tout
cela n'eſt point aſſez ; il faudroit encore qu'un
Auteur, qui prend la peine de les inſtruire , leur
évitât tellement celle de penſer & de l'enten-
dre, qu'ils puſſent profiter de ſes leçons , ſans
même les connoître.

Il arrive delà que les opérations , ſouvent
mal faites , ſont quelquefois encore tranſpoſées ,
& que quelques-uns font ce qu'il ne faudroit
pas faire, & ne font pas ce qu'il faudroit faire.

C'eſt pour obvier , autant qu'il eſt en mon
pouvoir , à cet inconvénient que j'ai cru devoir
ajouter à toutes les regles que j'ai déja établies
dans les différentes parties de ma Manipulation ,
les obſervations qui ſuivent & en font le complément.

DE LA GRAPPE OU RAFLE.

Outre la propriété de conserver les vins, la rafle en a encore plusieurs autres très-importantes, qu'on peut voir dans la Leçon sur la grappe, pag. 4 & suivantes, & c'est pourquoi, en traitant les vins suivant la méthode générale que je donne, je persiste à dire qu'il faut toujours la laisser.

Il y a pourtant deux cas où il semble qu'on pourroit l'extraire en tout ou partie. Le premier est lorsque les raisins ont une très-grande verdeur ; le second, lorsqu'à en juger par la température générale de l'année, à prendre du temps de la floraison de la vigne, jusqu'au temps de la vendange, on a lieu de croire que les raisins ne font, ni trop mûrs, ni trop surchargés d'eau. Dans ce second cas, le vin égrapé se conserveroit moins qu'avec la grappe, mais pourtant, étant bien fait, & *promptement mené*, ce qui, à la vérité, ne s'accorde nullement avec la doctrine des Peres de la Chimie & de leurs enfans, sur la fermentation, il seroit très-bon, & en même temps un vin de garde.

A l'égard des années où les raisins ont le défaut d'être trop verds, la liqueur a assez d'acide par elle-même pour n'avoir pas besoin, ce femble, de celui de la grappe ; cependant il eft bon en général de la conferver, 1°. parce qu'il arrive prefque toujours que, dans ces années, il y a furabondance d'eau dans les raifins, même par proportion à la partie acide : 2°. parce que les raifins étant très-durs, & la grappe en facilitant le foulage, elle ne peut, par ces deux raifons, que devenir utile & même le plus fouvent néceffaire à l'amélioration du vir. Si l'année avoit été feche comme en 1763 & 1777, il n'y auroit que la raifon du foulage (*a*).

DU FOULAGE.

Je n'ai rien de néceffaire à ajouter à ce que j'ai dit fur cette opération fondamentale de la Manipulation des vins, finon qu'il faut bien fe donner de garde de reprendre la vendange, ou autrement dit de la fouler deux fois ou en deux temps différens, comme je vois que quelques perfonnes l'ont fait.

DES RAISINS BOUILLANS.

Comme je me fuis fort étendu fur cette matiere, aux pages 12, 19, 20, 21, 22 & 23 de mon Procédé pour la Manipulation des vins,

(*a*) Pour la parfaite exactitude des faits, je dois remarquer que dans les expériences de M. Geoffroi, de M. de Chafan, & de M. Maret, à l'égard de fes vins fins, les raifins ont été égrapés en partie.

je crois devoir me borner à renvoyer aux détails que j'y ai donnés, & à la théorie que j'y ai établie fur tout ce qui concerne les raifins bouillans. J'y ajouterai pourtant deux obfervations.

La premiere, c'eft que de toutes les expériences principales que j'ai rapportées, il n'y en a pas une feule, à l'exception de celle de M. de Chafan, où ce véhicule de la fermentation n'ait été employé, & quelquefois en très-grande quantité. Dans la premiere expérience que j'ai faite par ordre du Gouvernement, j'ai mis un fixieme de la cuvée en raifin bouillant. M. le Curé de Carlepont, dans fa premiere expérience, en a mis jufqu'à un cinquieme, & dans celles de M. Geoffroi, fur les vins fins de la riviere de Marne en 1773, nous en avons mis d'un treizieme à un quatorzieme.

La feconde obfervation eft, que l'effet de la grappe bouillie fur le feu avec les raifins, étant non-feulement de donner plus de fermeté aux vins, mais encore de les durcir, il ne faut la faire chauffer que dans la vue feule de les conferver beaucoup plus long-temps qu'on ne le pourroit fans cela : *autrement il faut l'extraire & la détacher des raifins bouillans feulement*, comme je l'ai toujours confeillé. Je reviendrai fur cet objet, dans l'article concernant le moyen particulier de conferver les vins.

De la maniere de couvrir & de conduire les Cuves.

Ces deux parties de la Manipulation générale des vins sont de la plus grande importance, quoique la seconde soit encore plus strictement nécessaire que la premiere ; mais toutes deux le sont, ainsi il faut également les exécuter. J'en ai donné les raisons & les moyens dans le Procédé, & c'est pourquoi je ne les répéterai point ici.

DES ARROSEMENS DU MARC.

On arrosera, pour la premiere & seconde fois, comme je l'ai dit dans le Problême sur le décuvage des vins, en ayant cependant l'attention d'arroser le marc pour la premiere fois, avant que l'ébullition soit entierement cessée, & de couler le vin sur le marc au lieu de le jetter de haut ; après quoi on remettra aussitôt les planches qu'on avoit enlevées pour l'opération.

DU DÉCUVAGE DES VINS.

J'ai traité cette matiere dans le Problême dont elle est l'objet ; j'en ai exposé sommairement les principes généraux ; j'y ai donné l'indication la plus facile & la plus sûre, & j'y

ai ramené tous les Vignobles sans exception,
quoique leurs usages y soient très-opposés; j'y
ai établi de nouvelles distinctions relativement
aux différentes circonstances des années, des
lieux & de la température ; & comme je n'i-
gnore point que cette partie est très-difficile,
je l'ai encore éclaircie par les observations que
j'ai faites dans la seconde & la troisieme des
principales expériences que j'ai rapportées ; mais
encore une fois, il faut lire, étudier, & avec
cela avoir encore, pour le plus sûr, le livre à
la main quand il s'agit d'opérer.

DU MOYEN DE CONSERVER LES VINS.

Comme les années favorables à la bonne qualité des vins sont très-rares, il arrive souvent
que quand les vins ne sont pas mauvais, ils
sont très-médiocres, & que par-dessus cela,
ils ont le défaut de ne pouvoir se conserver ;
cependant il est certain que, sans recourir à
aucun ingrédient étranger, il seroit très-possi-
ble de les faire beaucoup meilleurs, & en même
temps infiniment plus solides.

Mon dessein n'est point d'exposer ici tous les
moyens qu'on pourroit employer pour cela ; je
me bornerai à rappeller les principaux. Le
premier, c'est de prendre la vendange à temps,

ou du moins beaucoup moins mal-à-propos
qu'on ne le fait. Le second, qui est le plus généralement nécessaire, c'est de bien faire les
vins, & je le donne. Le troisieme, car pour
la solidité même des vins & leur durée, il ne
doit être mis qu'après les deux autres, c'est le
moyen particulier que j'ai donné pour la conservation des vins.

Ces trois moyens sont simples, faciles & les
plus économiques de tous ; il n'y a pas un seul
Vigneron qui ne puisse en faire usage.

Le dernier peut s'employer de deux manieres, mais la seconde me paroît de beaucoup
préférable à la premiere. Le vin de conservation ne peut avoir aucune sorte d'inconvéniens,
& ses usages sont beaucoup plus étendus que si
on se bornoit à mettre la rafle bouillie fermen-
ter avec le vin même des cuvées. De quelque
côté qu'on regarde les choses, tous les avantages sont en faveur du vin de conservation. C'en
est un très-grand, par exemple, sur-tout dans
les premiers essais, de pouvoir n'en faire qu'en
aussi petite quantité qu'on le jugera à propos ;
à l'égard des autres avantages, on peut les voir
dans le Moyen même.

Je ne répéterai point ici, pour en prouver l'ef-
ficacité, ce que j'ai dit dans le Moyen de conserver les vins ; mais j'observerai qu'indépen-

damment de ce moyen, ma Manipulation en est un parfaitement démontré, & si grand, que le plus généralement il est seul suffisant, puisqu'il double & triple la durée des vins, en même temps qu'il les rend beaucoup meilleurs; cependant, comme le vin de conservation est un moyen de plus, & qu'en beaucoup de cas, il peut être très-utile & même nécessaire, je ne peux qu'inviter les Vignobles, à en faire quelques parties de la maniere que je l'ai proposée dans le procédé pour cette nouvelle espece de vin, soit en faisant bouillir le tiers de la vendange particulierement destinée à ce vin, soit, peut-être encore mieux, en ajoutant à la grappe des raisins de la cuvée du vin de conservation, la moitié autant de grappes prises d'une autre cuvée, ainsi que je l'ai marqué à la page 14 du Moyen; mais dans ce dernier cas, j'estime qu'au lieu de faire bouillir un tiers des raisins, on pourra se borner à en faire chauffer seulement un quinzieme ou un vingtieme, comme pour les autres vins, avec cette différence seulement qu'au lieu d'égrapper les raisins bouillans comme pour ces derniers, on les fera bouillir avec la grappe pour le vin de conservation, qui, au surplus sera traité en tout point comme les autres vins.

Le but que je me fuis propofé dans ces additions & les nouvelles parties que je donne, à
été de cimenter & de compléter ma Manipulation des vins, & même le moyen de les conferver, au point de ne laiffer quoi que ce foit
à défirer pour la parfaite intelligence & la pra-
tique de toutes mes opérations, & que par-
tout & dans toutes les Provinces, on pût les
exécuter avec facilité, fûreté, confiance & fans
aucune méprife. Je me flatte d'avoir atteint mon
but, mais non qu'il n'y aura plus de vins avi-
lis, ni de récoltes perdues. Au défaut des pré-
jugés vaincus, il y a tant de timidité & d'in-
dolence dans les Vignobles, & tant de lenteur
dans la circulation de l'inftruction, que, fans
doute, il y aura encore bien des pertes avant
qu'il ceffe d'y en avoir; mais le Public au moins
fera forcé de convenir que j'ai fait tout ce qu'il
falloit pour les prévenir. Je pourrois, à la vérité, faire plus encore, mais c'eft lui, puifque
je ne puis nommer que lui, qui m'arrête.